木工。鄉村風。My home

木工。鄉村風。My home

Chi & Kenny 著

人文的·健康的·DIY的
腳丫文化

與你分享
木作的每一分快樂

小時候，總愛幻想自己是個浪跡天涯旅人作家，駐足在世界的各個角落，以為只要看遍風花雪月裡的滾滾紅塵，就能揮灑出驚天動地的偉大作品。

縱然，真實的生活漸漸淡去年少的夢想，卻從來沒有改變初衷，直到網路blog的出現，我開始將日記裡的生活點滴轉移到部落格中，單純的寫出對未來幸福的期待。

因緣際會下，因黑兔兔(DIY手作家)在雜誌上的刊載，讓手作屋能在鄉村家具界嶄露頭角，直到現在，對於黑兔兔我和Kenny仍是感念在心。

這些年，經歷了這一切，對於紛亂嘈雜的俗世，變得更加排斥，現在只想隱居在這偏遠的鄉村小鎮，過著再平淡不過的生活，靜靜地創作出屬於手作屋自我風格鄉村家具。

這四年來，木工教學豐富了平靜的日子，遇到許多人陪著chi痛哭

流涕，開懷犬笑，因為這些可愛的同學們，讓chi瞭解許多人的故事背後，原來蘊涵著太多的人生哲學，謝謝你們陪chi走過這一遭。

對於出書，我和Kenny都是灑脫面對，只希望在人生的調色盤裡，留下更多繽紛浪漫的色彩，每一個作品的創作，都是一再考慮而完成的，無非是希望呈現出的作品美麗而實用。

時光舟舟，我們終於完成了這本書，這犬半年來，有挫折、有爭執、有共識，感謝腳丫文化的團隊們對我們的支持和包容。

此時此刻，窗外，仍是沉靜而芬芳的庭院，透過院落茫茫夜幕，Chi深刻體認創作所帶來的每一份快樂和欣喜，也希望能和所有喜歡鄉村風的讀者們分享；希望你也喜歡——我們的家。

Chi

http://blog.xuite.net/kenny581118/bolg

目次 Contents

Chapter 1 學習木工的基礎技巧

要做每一樣家具之前,先了解一下做木工的基本步驟,以及會使用到的材料,可以幫助你學習。

一件家具的完成必須經過①設計製圖②裁切③加工④接合與補土⑤研磨塗裝,五大步驟。我在每個大項中,會講解書裡使用到的工具和基礎的木工示範;基本上每個家具的基礎作法都相似,這些都是屬於初級木工課程的部分。

Chapter 2 打造一個鄉村風的家

就是因為喜歡做木工，喜歡自己動手設計，喜歡佈置自己的家，就一頭栽入木作的世界。

許多人對於我自己親手做家裡的每樣家具總是感到驚訝，從衣櫃、餐桌、床……，每一樣家具設計在開始前，我完全沒去設想會遇上怎樣的挫折和困難，只因為喜歡，就不覺得困難，而埋著頭往前衝。而我也從這麼多年來持續不斷的製作家具中，體會到做木工時的小小滿足。

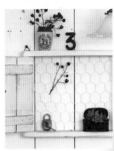

Chapter 3 改造老東西

利用老物件，將家中一角改造成充滿古舊氛圍的空間，就能賦予老件有個新氣象。
近年來，樂活環保的意識深植人心，喜歡用天然素材作為生活日常用品的朋友愈來
愈多，如果每個人都能做到愛物惜物的習慣，那就更好了。
這些毫不起眼的老東西常常就擺在我們生活週遭，只要花點心思整理改造，就會散
發出讓人懷念的味道， 彷彿又回到那個美好樸實的年代。

Chapter

學習木工的
基礎技巧。

Basic skills

要做每一樣家具之前，先了解一下做木工的基本步驟，以及會使用到的材料，可以幫助你學習。

一件家具的完成必須經過 ①設計製圖 ②裁切 ③加工 ④接合與補土 ⑤研磨塗裝，五大步驟。我在每個大項中，會講解書裡使用到的工具和基礎的木工示範；基本上每個家具的基礎作法相似，這些都是屬於初級木工課程的部分。

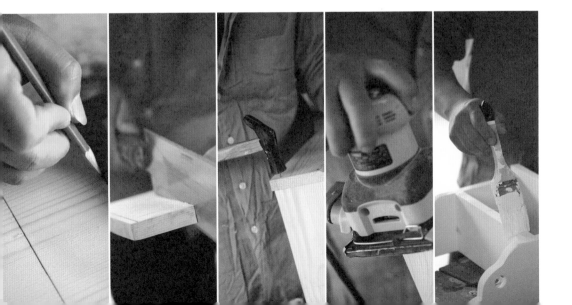

STEP 1

製作前的規劃是很重要的準備工作

設計、製圖

設計前要先確定家具的功能，例如收納功能、裝飾功能或是用餐的桌、椅等人體功能，在設計時，避免賦予一件家具過多的功能，以免顧此失彼，導致複雜的功能性大於家具本身的美感。

應用工具

捲尺

材質較軟，不適合用來畫直線，主要用來量距離。

45度角尺 (止型定規)

用來測量常用的45度角。

直角尺 (曲尺)

除了量測距離，可利用直角特性用來畫垂直線或檢測直角。

鉛筆、墨筆

一般鉛筆或是專用鉛筆均可。

設計製圖示範

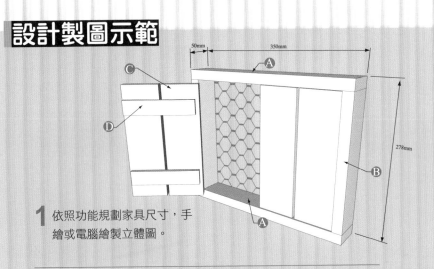

1 依照功能規劃家具尺寸，手繪或電腦繪製立體圖。

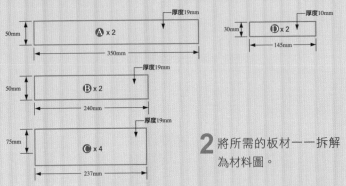

厚度19mm
50mm Ⓐ x 2
350mm

厚度10mm
30mm Ⓓ x 2
145mm

厚度19mm
50mm Ⓑ x 2
240mm

厚度19mm
75mm Ⓒ x 4
237mm

2 將所需的板材一一拆解為材料圖。

3 以筆在木板上繪製出線條。

STEP 2

依木紋及材質不同選擇裁切工具

裁切

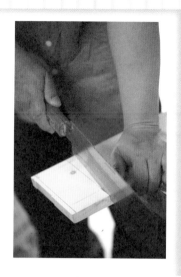

依照材料圖所需的尺寸與數量，進行每一塊基本材料的直線裁切。就一般使用者而言，各種工具的效能與危險性的高低排序為 1.固定式鋸台 2.手提圓鋸機 3.手鋸；因此建議初學者可尋找有裁切服務的木材供應商，以增加成品的精準度，同時也減少危險性。

應用工具

固定式鋸台

大型鋸台較為方便，但價格昂貴且佔空間。

手鋸

家裡常備的器具，但是切割時容易歪斜。

手提圓鋸機

中型機具，切割直線時使用。

木紋方向判定

木紋方向的正確選擇很重要,因為木材容易自橫斷木紋端裂開,因此每片木材橫斷的兩端務必要與另外的兩片木材接合,以強化結構;而木紋越長,抗橫斷的能力越強,基本概念可參考下圖:

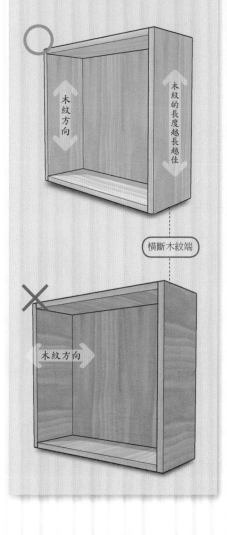

木紋方向

木紋的長度越長越佳

橫斷木紋端

木紋方向

STEP 3

準備好材料可別急著組裝喔！

加工

部分裁切好的材料在接合前，必須經過加工，包括
刨、削、鑽、鑿、鋸、切、磨等，一般常用的工具
有：刨刀、美工刀、電鑽、修邊機、鑿刀、線鋸機
與砂紙機等。

應用工具

G型夾

夾具主要是用來固定木材，方便
切割，也兼顧安全。使用螺桿調
整行程，適用於較短的行程。

彈力夾

握緊把手以張開夾口加大行程，
但喉深相對變小，放開把手即可
利用彈力直接夾緊材料，是最輕
巧、便利的夾具。

F夾

喉深的尺寸最長，行程和夾具的
長短成正比，下夾臂可快速調整
行程，再利用螺桿微調鎖緊，使
用方便且價位適中，是一般木工
不可或缺的夾具。

快速夾

喉深比F夾較短，行程與夾具的長短成正比，可快速
調整下夾臂行程，藉著反覆壓放握把可以微調夾緊，
釋放壓扣後可以快速鬆脫，使用起來很輕鬆、便利，
但價格較高。

修邊機

修邊機高速的運轉配合不同的刀具，可將
木材的邊緣修整成型，或是做出溝槽；也
能做出修飾用的倒角或是製榫。

修邊機示範

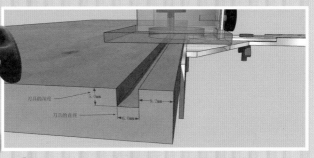

1 使用修邊機修出溝槽。

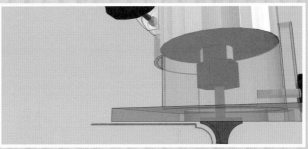

2 裝上培林刀後，調整刀具的深度，修邊後邊緣就可以
做出以下紅線樣式

線鋸機 (活動手提式)

主要用於曲線的切割，大致可分為活動手提式
與固定檯面式兩大類，活動手提式：使用的鋸
片較寬，適合曲線與短距離的直線切割，活動
範圍不受限制。

線鋸機示範

1 初學者盡量不要把線條畫得
太複雜，可利用稍厚的紙板
當作模型，畫在木板上才會
一致，就算鋸得不完美也不
容易發現。

2 操作之前先確認底座固定螺
絲是否鎖緊？鋸片是否有歪
斜？利用F夾把木板固定在
桌面上。

3 將底座前緣貼緊木材，鋸片
必須與木材保持一小段距
離，等確定起點的位置後再
壓下開關，鋸片開始動作
後，才能慢速往前推向線條
起點。

4 由於木材的專用鋸片較寬，
當遇到線條轉彎弧度較大
時，鋸片經常會被木材夾緊
而產生跳動情形，此時可先
將鋸片往後退，並將線條以
外的木材鋸開，使鋸片有足
夠的空間轉向。

5 當兩條線有交會夾角時，則
必須從另一端的線條起點鋸
開切入。

6 兩條線的夾角處可保留
1~2mm不要切開，用手就可
輕易折斷。

線鋸機(固定檯面式)

使用的鋸片較窄較細，適合切割較複
雜的曲線，過長的板材較不適用。

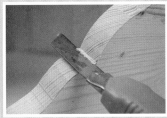

7 夾角處折斷後會有殘留的木
材纖維。

8 可以用美工刀將殘留的木材
纖維切除，木材纖維切除
後，即可形成乾淨漂亮的夾
角。

9 凹入的弧線要用圓木棍捲起
40~100號的砂紙磨平，原本
鋸不好的弧線更以更滑順。

10 再以同樣的方式處理突
出的弧線。

11 最後以120~200號的砂紙
再細磨即可。

銅珠刀 (刀頭)

製做活動層板時會使用銅珠刀。

1 使用銅珠刀鑽出可搭配層板螺母的大小、深度。

2 取出活動層板專用的螺母與螺絲。

3 用鐵鎚敲入螺母。

4 鎖入螺絲即完成。

STEP 4
接合的工作絕不能馬虎。

接合、補土

接合就是利用膠合、釘接（鐵釘、槍釘、螺絲三種）、五金（L角型、T型及十字型等角鐵片）或榫接等方式，把每塊材料結構成形。各種接合方式都可以視狀況互相搭配，如比較薄的板子接合可使用膠合加上槍釘，比較厚的則是膠合加上鐵釘。這本書裡我們都是先使用膠合後釘接，所以這單元先介紹這幾個技巧。

補土主要是修整，使用於木材輕微的瑕疵或是補滿釘槍的鐵釘洞。

應用工具

中心尖刺為螺牙型的鑽尾。

手持電鑽

手持電鑽主要是用來鑽孔與裝卸螺絲，可分為插電式與充電式兩種，插電式擁有功率強大、電力不間斷，而充電式則因無線供電，輕巧、便利性極佳，在選購時建議可參考下表：

用途	插電式	充電式	震動(衝擊)	正、反轉	扭力或轉速調整
水泥牆鑽孔	佳	尚可	需要	非必要	非必要
木材鑽孔	佳	可	不需要	需要 (備註1)	非必要
裝卸螺絲	佳	佳	非必要 (備註2)	需要	需要
備註	1. 部分木材專用鑽尾前方的中心尖刺為螺牙型，有助於鑽入木材內，因此需要使用反轉功能以便鑽尾退出木材。 2. 使用套筒拆裝六角機械牙螺絲時應選用，但一般木螺絲則免。				

白膠

兩塊木材接合處以南寶樹脂(俗稱白膠)或是木工專用膠均可，但接合後要將溢出的膠擦乾淨，尤其是以原木色塗裝時，會有明顯的色差。

膠合示範

1 確認兩塊要拼接的木板接合處必須整齊。

披土

木材如有輕微的瑕疵，或鐵釘造成的凹洞，均可使用補土填注，待乾後用砂紙研磨至與木板平整即可上色，一般油漆行或五金行均可買到白色補土，適合色彩遮蔽式的塗裝，如果以原木色塗裝，可利用原木染色劑調合比對，以減少色差。

補土示範

1 使用於木材輕微的瑕疵或是補滿螺絲孔洞。

釘槍

取代傳統的鐵槌，接上空氣壓縮機的氣管，便可輕鬆且連續地將專用鐵釘釘入木材中。有氣動、電動和火藥三種，ㄇ字型釘槍是用於薄木板；F型則適用於讓合木材；S或是T型則可用於釘接於水泥牆壁上。

氣動釘槍示範

1 利用中指、無名指先把氣壓管的快速接頭抓牢。

2 在兩塊木板拼接處均勻塗上白膠。

3 兩塊木板貼合後，確認高度相同，再用木工夾固定加壓。

4 用濕布把多餘的白膠擦拭掉，壓合約2-3小時使其黏著。

2 利用刮刀將補土填入凹陷處

3 刮平後仍會稍微凹陷情形。

4 以少許補土輕輕抹在凹陷處，待補土完全變成白色乾透後，再以砂紙磨平。

2 以拇指和食指把接頭的卡環往下拉。

3 釘槍的機身往桌面頂住，快速把接頭往下壓。

4 釘接時注意釘槍和釘接線要一致，以免釘子歪斜，釘好後即可接合。

鐵釘釘接示範

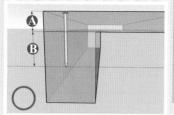

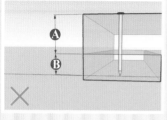

鐵釘、鐵鎚

用來固定木板及整體架構。

1 選擇鐵釘長度要以釘入的A板厚度為選擇基礎，A的比例要小於B。

2 初學者最好先在木板上畫出要釘的位置。如：先在A板上畫上B板的厚度。

3 要釘的位置在厚度中間，取出中線，約釘上2-3支釘子。

4 用尖嘴鉗輔助，夾住鐵釘扶正，避免歪斜或敲到手指，用鐵鎚將鐵釘釘入木板內。

5 先將鐵釘依其位置釘入A木板。

6 鐵釘稍微透過A板就可以了。

7 A、B板接合後，將鐵釘釘入。

8 如果不小心釘歪了，就要從側面輕敲回復。

9 讓鐵釘頭略微沉入木材表面即完成。

莎拉刀 (又稱雙層鑽尾)

可用於鑽出木螺絲的接合孔。莎拉刀在
木板的同一個中心點引出大小兩種直
徑、且為一淺一深的洞，小洞可鎖入一
般木螺絲，木板才不易崩裂，大洞則可
讓木螺絲的頭沉入，再用木塞填補後即
可以隱藏螺絲。

木螺絲示範

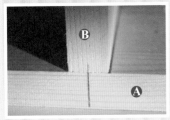

1 把B板和A板上的釘接線對齊。

2 A板一樣畫出要釘接的位置基準線。

3 以20mm厚度的木板為例，第一層的深度約為木板厚度的1/4-1/3，所以應該要沈入5mm。

4 螺絲頭要沈入第一層中5mm，而下層（B）鐵釘長度約為上層（A）2倍，所以這裡應該選擇30-45mm左右的螺絲。

5 使用十字起子鎖入螺絲，深度要稍緊，也不要過深。

6 鎖好後填入少許白膠。

7 取鐵鎚把木塞敲入孔內填塞。

8 木塞突出來的部分用研磨機磨平即可。

STEP 5

確認磨細木材後再進行塗裝。

研磨、塗裝

研磨是利用砂紙研磨完成結構的半成品,使木材達到
細緻的目的;而塗裝是運用塗料的特性,使成品達到
美觀、光滑、保護、防汙或耐候等功能。常用塗料有
分水性與油性兩大類,一般而言,水性漆著重環保,
但光滑與細緻度有限,油性漆則剛好相反。

應用工具

砂紙

砂紙的號數代表每一英吋的砂粒數,號數越高即砂粒
數越多,就代表砂紙越細,反之就越粗,選擇適用號
數的砂紙才可以有效率地進行研磨。

一般木工常用的砂紙如下:

- 40～100號:弧線、圓角等邊緣的初步研磨成型、
  粗糙面的重度研磨,研磨後木材仍會留下明顯的研
  磨痕跡,必須用更高號數的砂紙進行研磨。

- 120～200號:塗裝前的中度研磨,即可使一般松木
  表面達到細緻的程度,如用更高號數的砂紙研磨,
  效果較不顯著(高級木材則不在此限),應藉由塗裝
  來達到更光滑細緻的觸感。

海綿砂紙

方便以手持研磨,尤其針對不平整的
的表面。

- 220號以上:適合用於塗裝後的研磨,藉由重複:
  塗料→陰乾→研磨的程序,隨著砂紙號數的增加,
  即可使成品光滑細緻。

手持電動砂紙研磨機

砂磨木板除了用砂紙作細微的調整之外,也可以用研磨機。主要有震動式研磨機、旋轉式、履帶式研磨機等,最常用的就是震動式研磨機。利用軸心轉動偏心輪,使研磨盤快速震動,而方型研磨盤有大、小兩種尺寸,一般市售的砂紙都適用,最常見的手持砂紙研磨機。

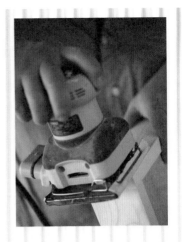

砂紙以最長邊均分為三等份,切割開來即可適用大尺寸的平板。

砂紙以兩邊分別平均兩等份,共可切割成4張,即可適用小尺寸的平板。

旋轉式的圓型砂紙研磨機,必須使用背面為魔鬼氈的圓型專用砂紙。

手工研磨示範

以手工研磨平面時,可將砂紙包覆方形木塊,順著木紋方向來回研磨。

環保木漆

環保木漆以天然植物油、腊與少許的酒精製成，對人體無害，為國內、外常見的知名品牌，有著色、保護二合一的功能，塗裝方式簡單，非常適合DIY玩家使用。

塗裝示範

1 原木上漆通常有兩種方式，一種是遮蔽塗裝法，例如以白色、藍色、綠色……等漆料塗裝，木紋會被均勻的色彩所遮蔽覆蓋。

2 另一種則是原木染色法，例如將原本色澤較淺的松木改變為柚木色、橡木色或紅木色……等，但可保持原有清晰的木紋。

水性環保乳膠漆

雖然抗污能力較油性漆低，但可耐擦洗且不含毒性、無公害，DIY塗裝容易，適合室內家具的遮蔽塗裝，室外家具則仍建議採用傳統油漆則較持久。

原木染色劑

原木染色劑種類繁多，除非特別註明，否則一般染色劑並無保護木材的功能，要在著色完成後，再塗上透明的護木油、腊或漆等塗料。

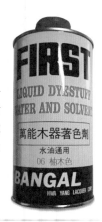

如何選擇
對的木材？

由於科技的進步，人造木材的表面千變萬化，無論是視覺與觸感，
都已經與實木非常相似，甚至必須將木材切割開後，才能百分之百
地確定板材的種類。

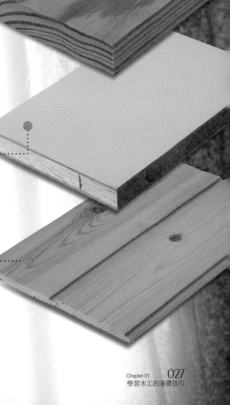

實木拼板

將多片寬度約10cm以下的實木板平行膠合加壓成
為板材，強度比完整的實木板稍差，但卻沒有變形
的問題，適合一般的家具製作。此種板材一般建材
行並不常見，而木工教室則多向製材工廠以客製
化方式大量訂購，也多有提供初學者代客裁切的服
務。

實木板

為完整、無接合的實木板，強度最佳，但最大的寬
度受限於樹種與樹齡；一般市售松木的寬度最大
約為30公分，超過30公分的整塊實木板，則多以
高級的樹種為主，整塊實木板的穩定度與厚度成正
比，越薄越容易彎曲、裂開，並且無法藉由重壓使
之恢復平整，因此製作家具時，過寬的實木板並不
一定是最佳的選擇。

木心板

以上、下兩塊夾板中間包覆零散的實木條，厚度多
為六分(18mm)，表面美化方式與夾板相同，但強
度比夾板佳，因此價位也比相同厚度的夾板高。

實木壁板

與實木地板類似，但因厚度僅約8mm，故用於牆面
或天花板，製作家具則可運用於背板。

集塵板

又稱密集板:顧名思義即為利用高壓膠合零散的實木屑片(上圖)或細微粉塵(下圖)而成為板材,表面可經由貼皮或烤漆美化,多用於大量生產且低價的家具,優點為表面平整無瑕疵,加工容易。

夾板

一般建材行均有販售,為實木以螺旋方式削成薄皮後,將三層以上的薄皮利用高壓膠合成為大面積的板材,故俗稱為三夾板或三合板,市售的厚度從一分(3mm)到八分(24mm),層數越多即越厚,表面貼皮或烤漆後即稱為美耐板,也可以批土填平纖維後上漆,製作家具時常用於底板或背板,優點有:經濟、不易裂且不會變形。

常用實木木種

(左)**越檜**:木紋較為細緻,有濃郁的特殊香氣。

(中)**松木**:木紋非常明顯,色澤偏黃。

(右)**雲杉**:木紋均勻,色澤稍偏白。

　　由於質地較軟,因此便於加工,而且價位中等,適合一般初學者使用的木材。

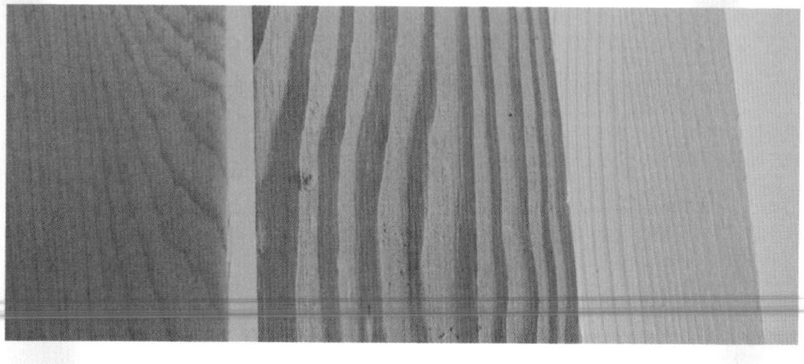

Chapter 2

打造一個鄉村風的家。

就是因為喜歡做木工，喜歡自己動手設計，喜歡佈置自己的家，就一頭栽入木作的世界。

許多人對於我自己親手做家裡的每樣家具總是感到驚訝，從衣櫃、餐桌、床……，每一樣家具設計在開始前，我完全沒去設想會遇上怎樣的挫折和困難，只因為喜歡，就不覺得困難，而埋著頭往前衝。而我也從這麼多年來持續不斷的製作傢俱中，體會到做木工時的小小滿足。

1 英式彩繪玻璃窗框

作品尺寸：寬410×高360×深38(mm)

英式的玻璃彩繪窗框，總能吸引我的目光，經過歲月的洗禮，斑剝的木窗顯得更有味道，鑲在木框上的玻璃彩繪，仍能透出光彩奪目的色彩，訴說著百年來動人又令人回味的美麗故事。

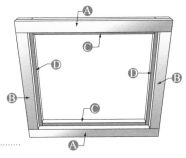

 材料

A X 2塊 (長410×寬30×厚19 mm)　C X 2塊 (長330×寬40×厚19 mm)
B X 2塊 (長300×寬30×厚19 mm)　D X 2塊 (長360×寬40×厚19 mm)

Step by step

1 兩塊C板上下兩端均塗上膠，取兩塊D板上下對齊C板後貼合。

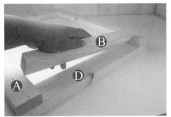

2 取A、B板在背面塗膠，對應位置後放在C、D板的上方。

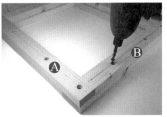

3 前後木框對齊後，用莎拉刀在A、B版面上鑽2個洞，方便使用木螺絲接合。

4 放入木塞後敲平即可，磨細後就可以塗上喜歡的顏色漆了。

5 中間放上喜歡的玻璃樣式，四周以熱溶膠或矽利康(silicon)黏合固定。

Point

這裡我運用了前框和後框來嵌入喜歡的漂亮玻璃，故意使用3cm和4cm不同寬度來做前後框架的區隔，做出框架的感覺。

❷花瓣立體層架

作品尺寸：寬580×高239×深105(mm)

　　女孩們總喜歡把最心愛的美麗蕾絲
妝點在自己的身上，奶白色的蕾絲在
女孩身上飄飄然飛舞著，浪漫的令人
心碎。

　　因為這樣的發想，才設計出這個既
浪漫又可愛的牛奶白蕾絲層架；只要
一個小小的空間，就能營造出美好的
氛圍，真好。

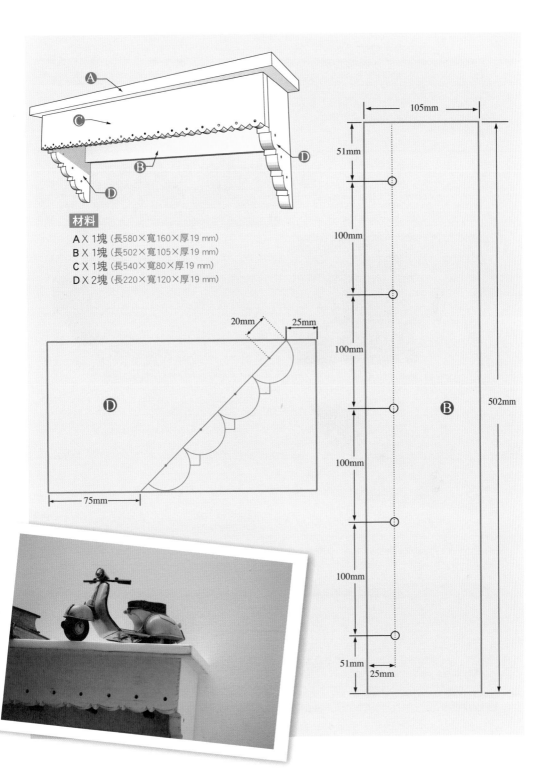

材料

A X 1塊（長580×寬160×厚19 mm）
B X 1塊（長502×寬105×厚19 mm）
C X 1塊（長540×寬80×厚19 mm）
D X 2塊（長220×寬120×厚19 mm）

Step by step

1 先將C板平均畫出十二等份的線。

2 用十二等份的寬度為直徑,找到圓心後畫出半圓,並在兩個半圓中間畫出夾角,如圖。

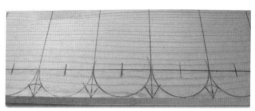

3 利用線鋸機鋸出花瓣線條。

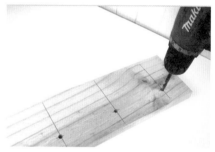

6 取B板依材料圖畫出裝馬車釘的線,並先鑽洞,讓馬車釘較容易釘入。

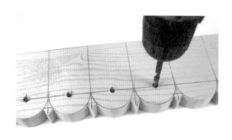

4 用電鑽在每個圓心鑽出直徑約4~8mm的小洞。

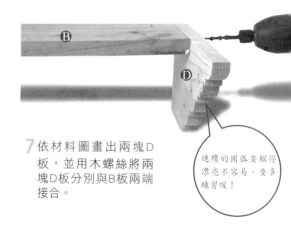

7 依材料圖畫出兩塊D板,並用木螺絲將兩塊D板分別與B板兩端接合。

連續的圓弧要鋸得漂亮不容易,要多練習喔!

5 使用120號砂紙包覆扁平的木板,細磨圓弧處。

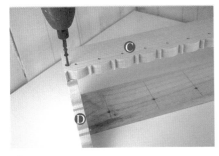

8 C板兩端分別與兩塊D板對齊,用螺絲接合。

9 最後把A板放在D、C、B板上方接合即完成,可磨細後上漆。

③ 法式三層信插

作品尺寸：寬300×高420×深114(mm)

法式風格，讓人頓時優雅起來，
Chi 和老爺子想了又想，改了又改，
才完成這個極具法式風情的信插，
再搭配上 Cappuccino 濃郁優雅的色調，
就像是在法國左岸一樣，無拘無束緩慢的生活步調。

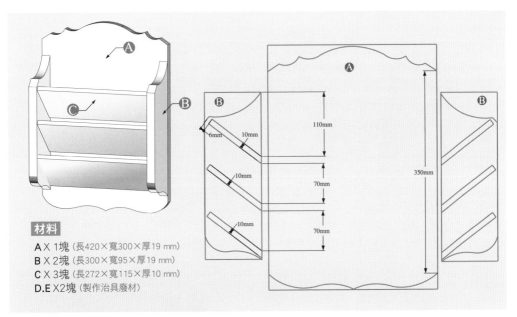

材料

A X 1塊（長420×寬300×厚19 mm）
B X 2塊（長300×寬95×厚19 mm）
C X 3塊（長272×寬115×厚10 mm）
D.E X2塊（製作治具廢材）

Step by step

按照圖示上的作品尺寸，取A、B板畫出線條位置和圖案。

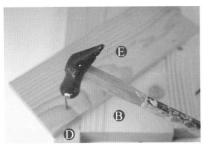

1 要修出B板上的溝槽，我們需要製作輔助工具。取兩塊木條(D)夾住B板長邊，並放上一塊廢木或是多餘的木材(E)對齊溝槽角度，與兩邊木條釘在一起。

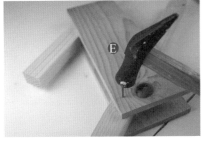

2 抽出B板，反面用另一塊廢木(E)釘牢，這樣就做好了切割溝槽的輔助工具（治具）。

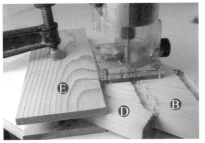

3 將B板夾入做好的輔助工具之中，修邊機裝上10mm直刀，深度調整為5mm，底部靠緊輔助工具，刀鋒對齊B上的斜線後修鑿出三條溝槽。

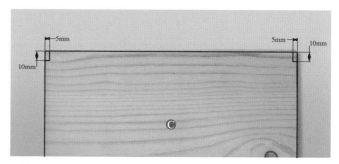

4 兩塊B板溝槽均以同樣方式修齊，記得斜線上方均要保留6mm距離。

5 三塊C板左右兩邊上方，按照圖示的作品尺寸劃兩個5x10mm的長方形。

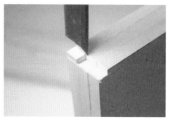

6 用手鋸將三塊C板的劃線缺口鋸開。

7 以鑿刀輔助，把三塊C板的左右缺口均切齊。

8 使用線鋸機按照A、B板上畫出的造型線，鋸出線條。

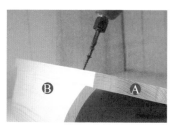

9 取一塊B板先接在A板的一邊，用木螺絲從A板背面鎖住固定，要注意溝槽的方向。

10 依照溝槽位置放入三塊C板。

11 再固定另一側的B板，磨細上漆後就完成了。

Point

以輔助治具修整溝槽是木工常用的技巧，熟悉後即可以做更廣泛地運用。

Chi從小就愛留東西的個性，常讓老媽愛不了，尤其是舊舊的東西對我來說，有著莫大的吸引力；直到現在chi還是難改愛拾荒的習慣，沒想到我家的老爺和小女生也是如此，真不愧是一家人。

我很愛自己動手做，就算做的不怎樣，還是覺得很開心，老爺常看不過去，會幫我收拾殘局，他的手很巧，大至大型傢俱，小到針線工藝，凡是到他手中總會出現完美的作品，也完成Chi的各種夢想……

④ 雜貨風木門網窗

作品尺寸：
寬350×高278×深50(mm)

收集許許多多的小雜貨卻沒有角落可以展示，這真的很傷腦筋，這個小小網架除了作法很簡單外，對於展示可愛的小雜貨也非常合適。

背面有別於一般壁板的用法，是以「龜殼網」作為櫃底的裝飾，顯得更有樸實手作的風格，小雜貨可擺放在門裡面，更有一番驚喜。

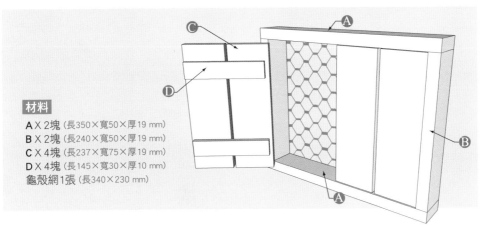

材料

A X 2塊（長350×寬50×厚19 mm）
B X 2塊（長240×寬50×厚19 mm）
C X 4塊（長237×寬75×厚19 mm）
D X 4塊（長145×寬30×厚10 mm）
龜殼網1張（長340×230 mm）

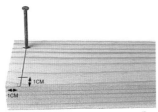

Step by step

1 在A板的左右兩端1cm寬處劃上線，取鐵釘釘入一半，兩端各釘2根。

2 取兩塊B板與兩塊A板釘接成外框。

3 A、B釘好的外框背面放上龜殼網，取較軟較小的銅釘固定，銅釘釘入約2/3後把銅釘打彎、敲平。

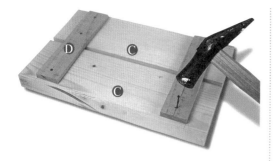

4 取兩塊C板並排成寬度為15.4cm的門板，上下各放上一片D板釘接固定成門。用同樣方式做另一扇門。

5 兩個做好的木門使用螺絲鑽各鎖上兩個活頁固定在外框上，整體磨細後塗上漆就完成了。

Point
活頁DIY步驟

這裡可以學到使用活頁來固定的技巧，活頁用在修復舊家具的門也很方便，運用上非常廣泛喔。

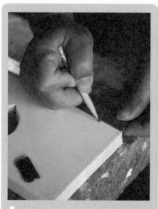

1 先用鉛筆標示活頁的位置。

2 放上活頁對齊門或是主體任一側，在螺絲孔上鑽洞作記號。

3 在活頁上鎖緊螺絲固定即可。

很多人問我，為什麼要這麼累人的自己打造每一樣家具？為什麼不使用其他更便利的方法？這些事或許就和每個人都各有喜好的口味和料理一樣，好像找不到理由解釋。我想我大概就是愛上了晚餐或是假日時，全家人圍在喜歡的餐桌前一起吃飯的那種幸福感覺吧。

幸福美好的

餐廳

⑤三格名牌小櫃

作品尺寸：寬400×高240×深143(mm)

簡易又實用的設計，構想來自於每日收到的信件，帳單等等，
可依各個不同的功能來作分類，
再將超有味道的名牌把手一一擺上，整個質感大大提升；
有時chi也會將收藏的老物輕輕擺上……
更別有一種風情。

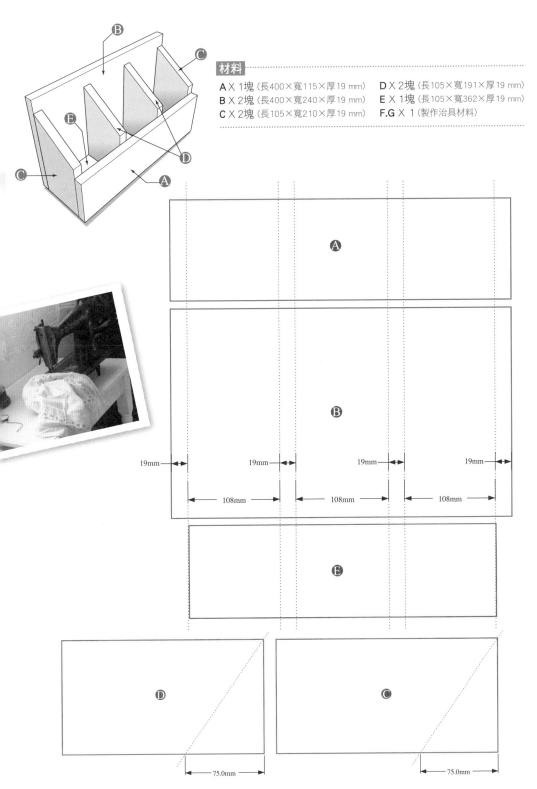

材料

A X 1塊（長400×寬115×厚19 mm）　D X 2塊（長105×寬191×厚19 mm）
B X 2塊（長400×寬240×厚19 mm）　E X 1塊（長105×寬362×厚19 mm）
C X 2塊（長105×寬210×厚19 mm）　F.G X 1（製作治具材料）

19mm　19mm　19mm　19mm

108mm　108mm　108mm

75.0mm　75.0mm

Step by step

先將A、B、E按照圖示的作品尺寸劃上線條，C、D板也按照圖示畫上斜線。

1 使用F、G夾住C或是D的斜線，釘在一起以製作輔助工具(治具)。

2 把做好的輔助工具靠在C、D板上，用刀鋸或是線鋸鋸出C、D板上的線條。

3 取兩塊C板，對齊E板上的中間線條位置，木螺絲從底部接合。

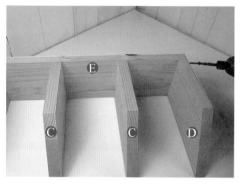

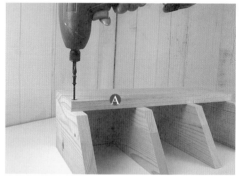

4 左右取兩塊D板對齊E板上的線條，同樣用木螺絲從側邊接合固定。

5 取A板放在C、D板的前面，各用木螺絲固定四塊板，再以左右兩根木螺絲接合E板。

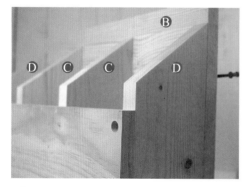

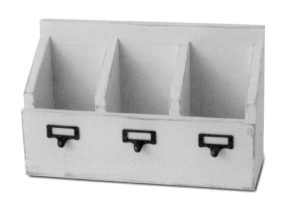

6 最後從B板後面各以二支木螺絲接合D、C、C、D板，再以二支木螺絲接合E板，全部磨細後上漆，三格小櫃就完成了。

⑥

自然風窗鏡

作品尺寸：寬360×高500×深89(mm)

呈現自然風格的窗鏡，樣式非常的簡單，卻總能吸引眾人目光，任意擺放在家中任何角落都很有feel。上頭只要擺上清爽的小植栽、古董風格小吊秤，像日雜中自然風的居家風格，馬上就能佈置出來哦！

材料

A X 1塊（長280×寬20×厚10 mm）
B X 1塊（長420×寬20×厚10 mm）
C X 2塊（長280×寬10×厚10 mm）
D X 2塊（長440×寬20×厚10 mm）
E X 2塊（長300×寬30×厚19 mm）
F X 2塊（長500×寬30×厚19 mm）
G X 1塊（長360×寬70×厚19 mm）

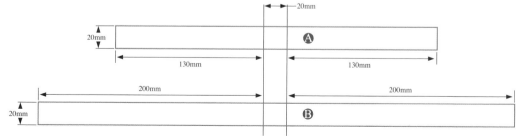

Step by step

先將A、B依照圖片上的作品尺寸劃線。

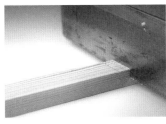

1 用鋸子在A、B剛剛畫上的線條之間，鋸出深度約0.5cm左右的線數條。

2 用鑿刀將剛剛鋸線的地方切除，做成十字塔接的缺口。

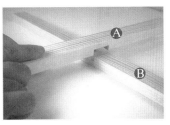

3 A、B兩個缺口完成後，相對著嵌入，接合時可以細修此接口，使之密合。

4 使用膠槌把塔接處敲平。

5 C、D互相接合，用鐵釘或是釘槍接合成小外框；E、F板也用一樣的方法，組合成大外框。

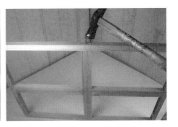

6 將步驟5接合好的A、B板嵌入小外框之中，使用鐵釘或是釘槍接合，組合成田字。

7 再將田字放入大外框中，四周側面釘接在一起。

8 當作窗子下方的E板背面，釘接上G板。

9 在四周各裝上一個舌片，磨細後上漆，即為自然風木窗；舌片可用來固定喜歡的玻璃樣式或是鏡子，這樣就完成囉。

Point

　　這個自然風窗框是英式彩繪玻璃窗框的進階版，最主要是學習十字搭接製作，做成田字窗格。

7 浪漫花瓣托盤

作品尺寸：寬438×高130×深300(mm)

小托盤是個簡易又實用的木作，
不需花費太多的時間，就能輕鬆製作完成，
優雅的法國蕾絲藍加上花瓣側板，
讓小小托盤的質感瞬間提升，
每次使用，都會覺得自己很棒呢。

材料

A X 5塊 (長218×寬84×厚8 mm)
B X 2塊 (長400×寬75×厚19 mm)
C X 2塊 (長300×寬130×厚19 mm)
金屬把手一對

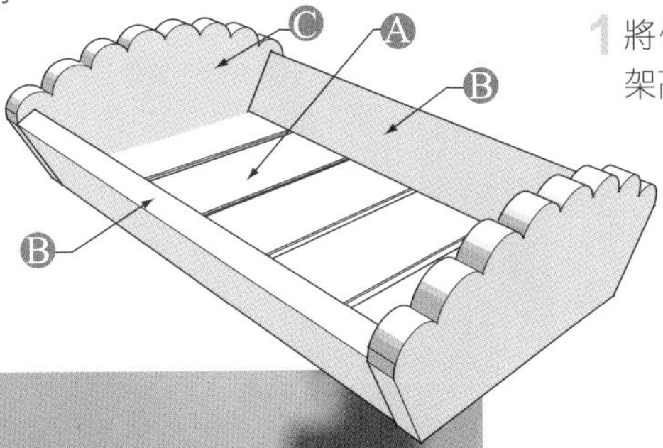

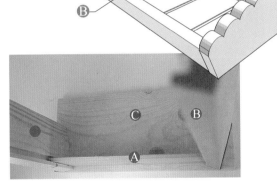

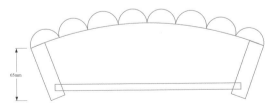

65mm

3 取兩塊B板相對，溝槽放入一片A板，並
且在兩塊C板上畫出A、B兩斜線的相對
位置。

4 兩塊C板上的斜線畫好後，用圓規先畫出一
條弧線，將弧線分成八等分，每一等份再
用圓規畫出圓弧，畫成花瓣；再用線鋸機
照著花瓣圖案鋸出造型。

Step by step

1 將修邊機的平行導板按照左圖的方式
架高。

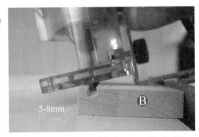

5-8mm

裝上8mm的直刀，深度調
整成5mm，在兩塊B板上修
出溝槽。

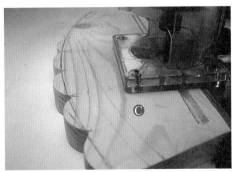

5 修邊機一樣裝上8mm的直刀，深度調
整成5mm，在C板上修整出可以裝入A
板的兩條溝槽。

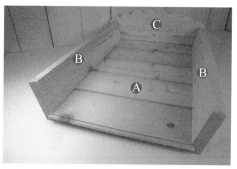

6 兩塊C板都用一樣的方式做好。

7 一塊C板放上兩塊B板,依劃線位置釘接固定,再將A板一塊一塊拼入,最後一塊A板裝入後,只能凸出5mm,多餘的部份要用線鋸機切除。

放上另一塊C板,C、B板接合處均用螺絲釘接固定。

9 C板的左右兩邊裝上金屬把手,托盤磨細後就可以上漆囉,或是維持原木顏色也很漂亮。

Point

這是另一種較為圓弧的花瓣設計。這裡我們學習到溝槽的製作和嵌入夾板的方法,要特別注意木板和溝槽的厚度搭配喔,太厚或是太薄的木板可都是無法剛剛好嵌合的。

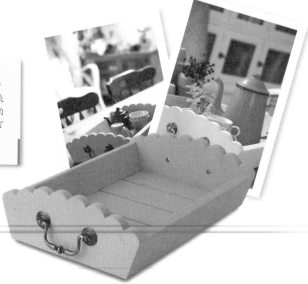

の房間
ROOM

「旅行」對於我而言，是一種轉換心情的方式。

這次旅行是已經計畫許久的。

不同的城市，街道，陽光……都是讓人啟動旅行的力量。

Slow，是這趟旅行最重要的key word！

每次出發，就愛這樣漫無目的，

不經意的發現【a room】——藏身在巷弄中，小小的咖啡

廳令人驚艷。

8 維多利亞風格小櫃
作品尺寸：寬500×高343×深160(mm)

珍珠白優雅的色彩，很適合維多利亞風格的設計，
雖然沒有太多繁複的線條，也能牽引出浪漫美麗的遐想，
就算擺放得不大整齊也沒關係，
在家裡隨意吊掛也很有味道。

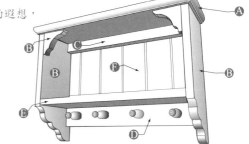

材料

A X 1塊 (長500×寬160×厚19 mm)
B X 2塊 (長325×寬145×厚19 mm)
C X 1塊 (長435×寬30×厚19 mm)
D X 1塊 (長435×寬60×厚19 mm)
E X 1塊 (長435×寬137×厚19 mm)
F X 6塊 (長219×寬81×厚8 mm)
木質掛勾4個

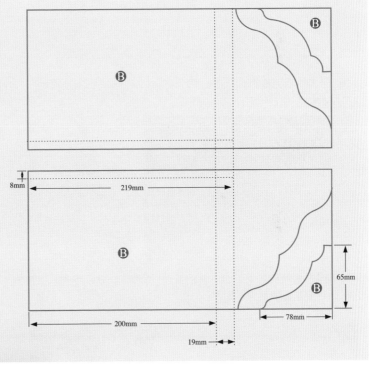

8mm
219mm
65mm
200mm
78mm
19mm

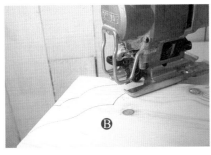

Step by step

依據上圖，先將兩塊B板以下列圖示尺寸畫線，曲線
部分可以按照自己喜歡的風格去繪製。

1 使用線鋸機依B板的曲線切好。

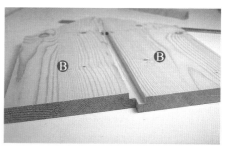

2 修邊機裝上直刀，深度調整為 5mm，依B板上的直線修整溝槽。

3 將兩塊B板的溝槽修鑿完成。

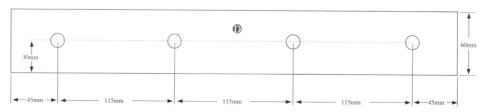

4 D板依照圖示畫線。

5 電鑽在畫圈的部份鑽洞，洞的孔徑 大小要配合購買之掛勾。

6 在洞中擠入白膠的，放上木質掛勾。

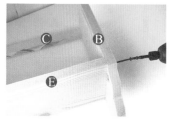

7 B板依其虛線位置釘接住上 E板和C板。

8 修邊機裝上R刀。

9 用修邊機將A板的前、左、 右修出圓角造型。

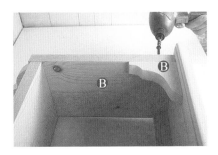

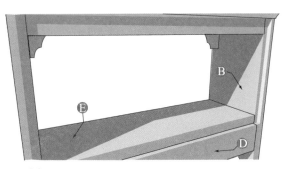

10 A板和B板連在一起固定，B的小造型板使用螺絲釘接在A兩邊前側。

11 按照圖示放上D板，用釘子固定。

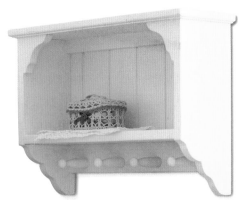

12 從後方釘入F板就完成主要架構了，補土、磨細後上漆就可以囉。

9 # 古董風格
雙門玻璃小櫃
作品尺寸：寬448×高680×深185(mm)

樸實無華的古董風格非常耐人尋味，
在旅途中邂逅的小櫃，
初次看到時，竟有總一見鍾情的情愫，
深埋在腦海裡好久好久。
憑藉著逐漸淡忘的記憶，
一點一點拼湊出原本的樣貌。
平凡的生活裡雖然沒有太多激情，卻有一種淡淡的感動，
就像這個小小的櫃，雖然沒有太多繁複的線條和設計，
卻教人愛不釋手。

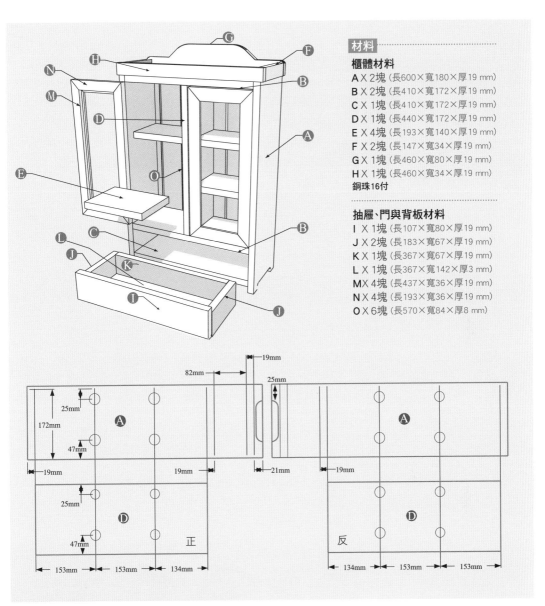

材料

櫃體材料

A X 2塊（長600×寬180×厚19 mm）
B X 2塊（長410×寬172×厚19 mm）
C X 1塊（長410×寬172×厚19 mm）
D X 1塊（長440×寬172×厚19 mm）
E X 4塊（長193×寬140×厚19 mm）
F X 2塊（長147×寬34×厚19 mm）
G X 1塊（長460×寬80×厚19 mm）
H X 1塊（長460×寬34×厚19 mm）
銅珠16付

抽屜、門與背板材料

I X 1塊（長107×寬80×厚19 mm）
J X 2塊（長183×寬67×厚19 mm）
K X 1塊（長367×寬67×厚19 mm）
L X 1塊（長367×寬142×厚3 mm）
M X 4塊（長437×寬36×厚19 mm）
N X 4塊（長193×寬36×厚19 mm）
O X 6塊（長570×寬84×厚8 mm）

Step by step

先取兩塊A板依圖畫成相對的線條和位置；取一塊D板正反面也都依圖做上記號。

1 使用銅珠刀在上圖標示的16個圈圈處鑽洞。

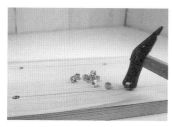

2 用鐵鎚將母銅珠敲入鑽好的洞之中。

3 修邊機裝上直刀，將深度調整為5mm，平行導板調整為8mm，修出A板上的背板凹槽。

4 使用線鋸機修出A板底部的造型。

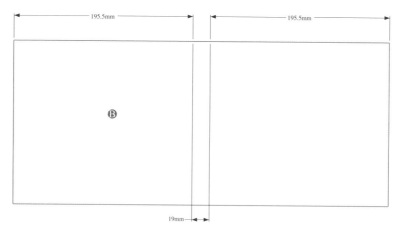

5 取兩塊B板依照圖示尺寸畫上線條。

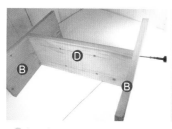

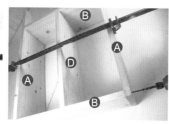

6 把D板放入兩塊B板中間，用木螺絲接合。

7 使用台式夾把A固定在B板側邊，使用木螺絲接合A、B板。

8 再將底部的C板接在A板上。

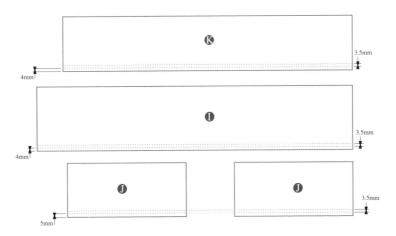

3.5mm

4mm

3.5mm

4mm

3.5mm

5mm

9 I、J、K板依照位置尺寸畫線。

10 利用修邊機裝上3mm的直刀,深度調整為5mm,分別依照線條位置修出I、J、K的溝槽。

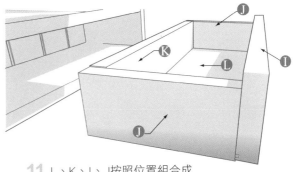

11 L、K、I、J按照位置組合成抽屜。

12 使用木螺絲加以接合。

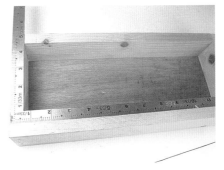

13 抽屜後面的K板長度比較短一點,所以鎖固定後抽屜前面的角度小於直角,可以用直角尺確認一下。

14 使用線鋸機將G板鋸出造型，造型部分也可以發揮個人創意喔。

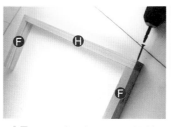

15 取兩塊F和H用螺絲接合。

16 將修邊機裝上1/4 R刀，將H與F板的頂端修圓。

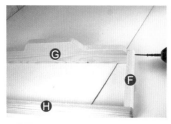

17 用螺絲將G板與F板接合成櫃體飾板組。

18 在H的底部釘上一條小木條以利接合。

19 櫃體飾板組放在櫃體上方，鐵釘釘在小木條上以固定飾板組。

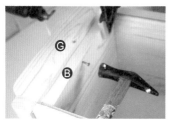

20 從B板下方釘入鐵釘來固定G板。

21 使用修邊機裝上直刀，修鑿M、N側邊的凹槽深10mm、寬6mm，(因為無法一次修到深度10，所以第一次修整深度為5mm，第二次將加深到10mm)一共修整8支。

22 利用45度的角度尺在M與N的兩端畫線。

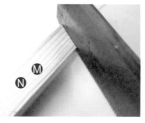

23 用鋸子把M、N的兩邊鋸成斜角。

24 用夾具和輔助木板把M、N固定住，以木螺絲鎖住。

25 O板鋪在櫃體背面,並且把多餘的部份裁切掉。

26 以釘子釘接固定,就可以磨細後上漆了。

Point

　　從木板的內層來釘接,也是常見的隱藏式釘接方法,這樣從外觀上就看不到釘子或是螺絲了,如果喜歡原木顏色者,也可以使用這種方式釘接。

女人和廚房之間的關係就好像愛情小說裡的情節那樣的糾葛纏綿，讓人又愛又恨……。不論你會不會作菜，有個明亮寬闊的大廚房，是每個女人共同的願望，看了電影「美味關係」裡的梅莉史翠普迷人又令人感動的角色，讓我更加期待廚房的改變；看她優雅的穿梭在廚房裡，帶著滿滿的愛為家人準備每一餐，是平凡，也是感動。

改造

廚房

10 英式蘋果箱

作品尺寸：寬520×高310×深300(mm)

蘋果箱的運用非常廣泛，可以當抽屜，也可以當櫃子或是任何收納箱，又漂亮又實用。

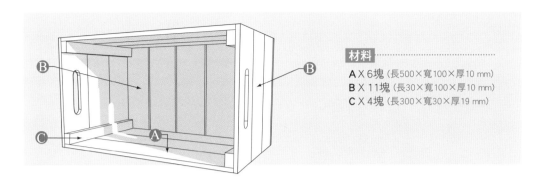

材料

A X 6塊（長500×寬100×厚10 mm）
B X 11塊（長30×寬100×厚10 mm）
C X 4塊（長300×寬30×厚19 mm）

Step by step

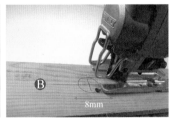

1 兩塊對齊C板立放，平放上三塊A板，A和C分別用鐵釘釘接在一起，同樣方法做兩個，成蘋果箱上、下兩面。

2 取兩塊B板，在正中央中線上取出約8cm寬的把手位置，用圓規畫出半徑約1.5cm的圓，先在圓的任一點用電鑽鑽出一個洞，以插入線鋸機鋸出長型兩邊為圓弧狀的把手的形狀。

3 用40~80號的砂紙包覆木板，稍微磨細出把手形狀，再用120~200號的砂紙細磨。

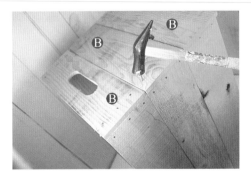

4 將三塊B板合併靠攏，有切割出把手的放在最上方，兩邊分別對齊上、下側，再以鐵釘釘接成蘋果箱左、右面共兩面。

5 步驟4做好的蘋果箱半完成品翻到底面，放上最後剩下的五塊B板作為底板，同樣以鐵釘釘接於正下方即完成。可以直接使用，也能磨細後塗上喜歡顏色的漆。

11 懷舊汽水箱

作品尺寸：寬548×高418×深120(mm)

可口可樂，維大力，蘋果西打……
老汽水箱在我們的生活記憶裡，漸漸消退。
兒時記憶，那是生活中的一部份，它的存在是再自然不過的事了。
曾幾何時，這些老物件不復存在，
12格櫃就是依著老汽水箱早期木匠製作的工法，
一同和大家來分享。不論你是將它來擺放生活雜貨，
或是收藏心愛的杯，不變的是，這是屬於兒時的成長回憶。

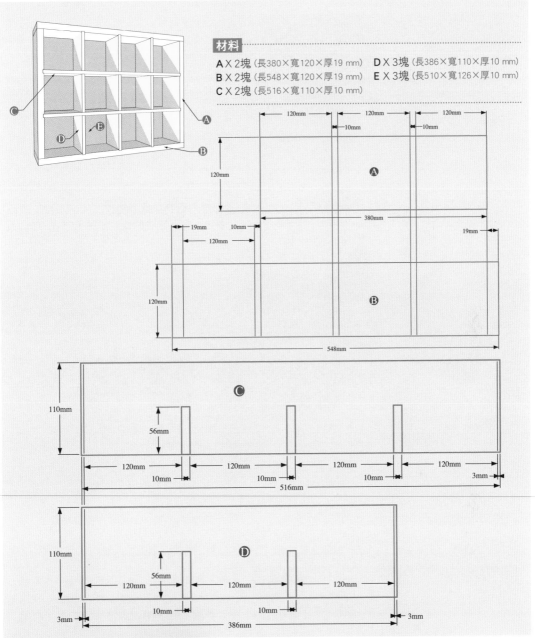

材料

A X 2塊（長380×寬120×厚19 mm） D X 3塊（長386×寬110×厚10 mm）
B X 2塊（長548×寬120×厚19 mm） E X 3塊（長510×寬126×厚10 mm）
C X 2塊（長516×寬110×厚10 mm）

A
120mm 120mm 120mm
10mm 10mm
120mm
Ⓐ
380mm

B
19mm 10mm 19mm
120mm
120mm
Ⓑ
548mm

C
110mm
56mm
Ⓒ
120mm 120mm 120mm 120mm
10mm 10mm 10mm 3mm
516mm

D
110mm
56mm
Ⓓ
120mm 120mm 120mm
10mm 10mm
3mm 3mm
386mm

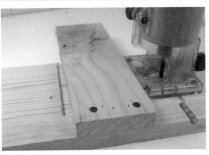

Step by step

依照上列圖示分別在材料A、B、C、D板上
畫上記號線。

1 在修邊機上裝三分(9mm)直刀，深度調整為3.5mm，在
A、B板中間的記號線上製作溝槽。

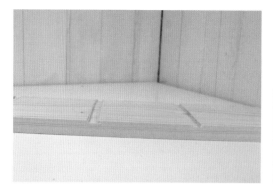

做好的溝槽寬度10mm，深度3.5mm，A、B四塊板，共計10條溝槽。

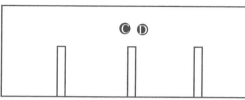

3 使用手鋸或線鋸機切割C、D板長56mm、寬10mm上記號的缺口，一共五塊，計12個缺口。

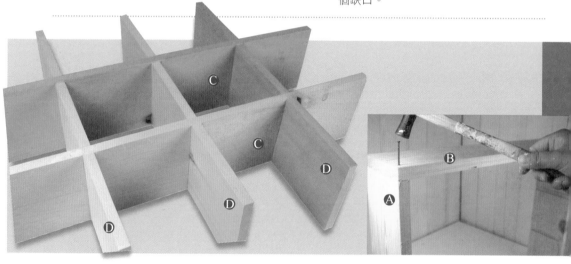

4 將做好缺口的C、D板先組合起來，如圖。

5 使用鐵釘釘接A、B板，先做成外框架。

6 把步驟5做好的C、D板崁入步驟6的外框架之中，放上三塊E板當作底部，分別從外框架側面用鐵釘把外框和底部釘接起來，再經過磨細、補膠、上漆就完成了。

Point

　12層櫃的作法都類似，也可以放大作品尺寸作成家裡放置書或是擺飾品的櫃子。

家　在那遙遠的東台灣！

累了！倦了！就想回家，一個既陌生又熟悉的地方；
家就在山腳下，藏身在一大片的鬱綠山林中，
佇立高處間，湛藍的太平洋即映入眼簾，
山海間，是不可思議的咫尺天涯……
此刻的我，對家鄉的思念是渴望，急迫的，
總會想起席慕容的七里香。

七里香　席慕容

溪水急著要流向海洋
浪潮卻渴望重回大地

在綠樹白花的籬前
曾那樣輕易地揮手道別

而滄桑的二十年後
我們的魂魄卻夜夜歸來

微風拂過時
便化作滿園的郁香

突然驚覺此時此刻最大的奢望，
原來是千山萬里之外的故鄉啊！
從孤單的一個人，到另一半的陪伴，
至今，多了孩子們在沙灘上追逐和嬉鬧，
期許這樣的故鄉永遠不變，
不論回家的路會有多遠，
總還記得老家院裡傳來的桂花香。

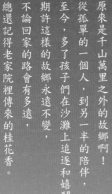

12 多重式手巾架

作品尺寸：寬548×高418×深120(mm)

這款手巾架子不但可以掛上手巾，也能掛上廚房用的紙巾，
小門打開後還能收納小飾品或是調味料，
是不管掛在何處都非常實用的小架子。

材料

A X 2塊 (長300×寬120×厚19 mm)　D X 1塊 (長320×寬130×厚19 mm)
B X 1塊 (長260×寬120×厚19 mm)　E X 1塊 (長257×寬139×厚19 mm)
C X 1塊 (長260×寬120×厚19 mm)　直徑10mm圓木棒X1塊 (長360 mm)

Step by step

1 在兩塊A板上用鉛筆標出層板B所需的高
度，由下往上標出14公分的位置，並在下
方設計出需要的花邊樣式。

2 用線鋸機平整的切割出花邊圖型，
設計的花邊有圓角或是弧度的地
方，可以分別從左、右兩邊進行切
割。

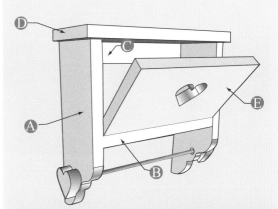

3 切割出所需線條後用砂紙將切割的
部份先磨平。

4 將兩塊側板A的的鉛筆線中間，往
下6.5公分處做上記號，並用直徑大
於1公分的鑽頭鑽出孔洞。

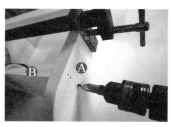
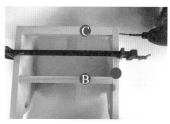

5 A板與B、C接合處先塗上
白膠，D也塗上白膠，加強
接合度。

6 B、C板和A板膠合後，用
木工夾先固定，再用莎拉
刀在層板接合處鑽出洞
孔，以便鎖上木螺絲。

7 短柱D和A板接合兩側也鎖
上木螺絲固定。

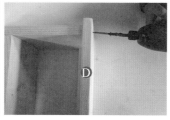

櫃體最上方也塗上白膠。

9 放上C板以木螺絲鎖上。

10 將門板（E）上劃出中心
點，在中心點上方1.2，及
此點左、右各1.2公分處標
上記號。

11 用電鑽以標記處為圓心，各
自鑽出交叉的兩個孔。

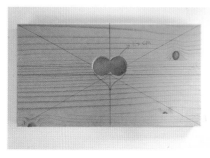

12 這樣就完成愛心的粗略
輪廓了。

13 愛心剩餘部份用線鋸機
切割好就可以了。

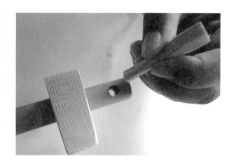

14 用廢木切出兩個一樣大的小愛心，一個鑽洞透過，一個不要鑽透；另準備一條圓桿、小木栓及小門檔。

17 木栓用美工刀削出從橫桿洞可插入的大小，需削出上粗下細的形狀，才能緊緊拴，不需要磨細喔。

15 使用直徑0.5公分的鑽頭在橫桿邊緣一公分處鑽出洞孔備用。

18 將兩片活頁鎖在門上。

19 把長形的門栓也鎖上，但是要注意鬆緊，以可以轉動為主，圓桿和愛心也鎖上即完成主體，可以磨細後上漆了。

16 橫桿未鑽洞的一端和未鑽透的小愛心用白膠接合。

13 自然風廚具掛板

作品尺寸：寬370×高674×深19(mm)

日雜裡面總是會出現這一款美麗的掛板，
在廚房裡的角落，隨意的掛上各種廚具，
不管是裝飾用，還是具有實用價值，
都讓廚房的空間，多增添了一點日式氛圍。

材料
A X 2塊（長370×寬32×厚19 mm）
B X 5塊（長640×寬74×厚10 mm）

Step by step

1 將B板放在兩根橫桿A上，左右兩側畫上左右兩側約1.5公分處作上記號。

2 兩根A桿沿著步驟1在兩側記號劃上直線。

3 修邊機的直刀調整深度為拼板B的板子厚度(約1公分)，調整好後固定。

4 上下橫桿A用修邊機延著線條修出1.5x1公分的構槽。

5 在上下橫桿A構槽處塗上白膠。

6 將五塊B板逐一擺上。

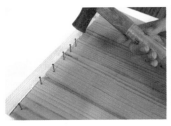

7 每一塊B板均以兩根細鐵釘左右固定。

8 釘好的完成正面圖。

9 在掛板背部左右兩側用螺絲鎖上吊勾，磨細後上漆，在前面裝上掛鈎即可。

有時候家裡的門或是櫃門老是熬不過歲月的洗禮，
壞掉的門讓櫃子顯得礙眼，
其實門板的更換方式相當簡單，
只要簡單的釘釘敲敲，家中就會更有鄉村風囉。

Step by step

材料

A X 6塊（長665×寬139×厚19 mm）
B X 4塊（長400×寬40×厚19 mm）
C X 1塊（長840×寬30×厚19 mm）
D X 2塊（長700×寬30×厚19 mm）
E X 1塊（長900×寬40×厚19 mm）
F X 2塊（長640×寬40×厚19 mm）

1 在三塊門板A上做箭頭記號。

2 沿著剛所做的箭頭記號，將三塊門板A用小刨刀各自削出導角。

3 三塊門板A削完導角完成後如圖。

4 將三塊門板A翻到反面，並將其貼齊。

5 延著門板邊緣量至8公分處做上記號。

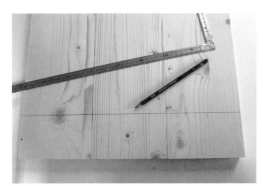

6 另一側也重覆這個步驟。

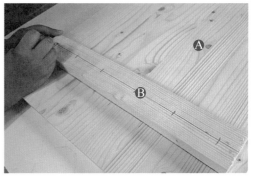

7 將橫板B置中擺在門板A上，並貼齊劃好的直線；在橫板B中央劃一直線，並取適當的寬距畫上要鎖上螺絲的記號（約5-6個左右）。

8 用莎拉刀在兩塊B的記號
　上，鑽出螺絲孔。

9 在鑽好洞的橫板B背面塗上
　白膠後，貼在A板上。

10 利用木工夾和台式木工夾固定A、B，讓門板貼齊且平
　　整。

11 將木螺絲一一鎖緊A、
　　B。

12 兩邊都用同樣方法鎖
　　好、固定，一個門板就完
　　成了；以同樣的方式做另
　　一扇門。

13 門框部份，先將C板和D
　　板用白膠貼齊，成90度。

14 連接處也塗抹上大量白
　　膠。

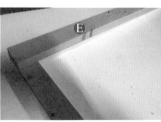

15 E(長/寬)橫板和上方C板
　　貼平。

16 用鐵釘結合下方ㄇ型木
　　框。

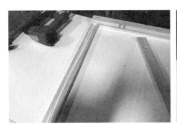  

17 左右兩側的D板也塗上白膠,貼黏上F板。

18 用數根鐵釘結合下方ㄇ型木框,鄉村風門框部份即完成。

19 將完成的門框擺置安裝的位置,並用矽利康(silicon)結合木框和水泥牆;待數小時乾透後,進行塗裝。

20 再一一將活頁,門栓,把手鎖至適當的位置即可。

15

Egg Box

作品尺寸：寬250×高249×深150(mm)

喜歡下廚的我，很喜歡這個可以裝入雞蛋的小架子，每天從架上拿下新鮮雞蛋，做出各種料理，等孩子回來，端給他滿滿豐富的營養和愛……

材料

A X 2塊 (長230×寬140×厚19 mm)　　E X 2塊 (長197×寬25×厚19 mm)　　**活頁**2個
B X 1塊 (長200×寬110×厚19 mm)　　F X 2塊 (長187×寬25×厚19 mm)　　**龜殼網**1片 (長200×寬200 mm)
C X 1塊 (長200×寬130×厚19 mm)　　**實木壁板**210mmX 3片
D X 3塊 (長250×寬150×厚19 mm)　　**門栓**(3公分)1個

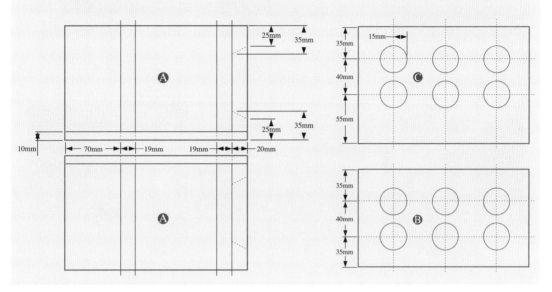

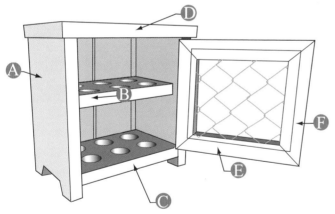

Step by step

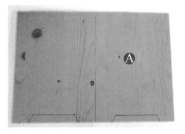

1 在側板A上畫上T型圖型。

2 用線鋸機切割出上述的圖型，並加以研磨。

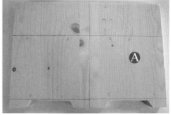

3 在A層板上用鉛筆如圖標記線條。

4 層板B依圖示標上位置。

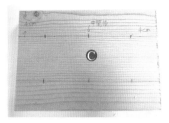
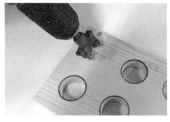

5 層板C一樣依圖示標上位置。

6 使用直徑約3公分的鑽頭，在B、C板標示的位置上，各鑽六個大洞。

7 層板B和層板C完成後如圖。

8 層板C放在側板A上，並貼齊任一側後畫線。

9 畫好後完成圖。

10 將修邊機裝上直刀，在A板上依記號逐一修出溝槽。

11 修邊完成後在打叉處塗上白膠，層板B貼合上層，層板C貼合下層位置，一一鎖上木螺絲固定。

12 側板A上方也塗上白膠。

13 放上頂板D，將A、D用木螺絲固定，主體就大致上完成了。

14 依照櫃體門框大小，準備好E、F四支木桿，並將左右切割成45度角後，用白膠黏合四支木桿。

15 黏好後用訂書機作輔助接合。

16 放上龜殼網後，也用釘書機逐一固定。

17 用剪刀除去多餘的鐵線，網門就完了。

18 鎖上活頁、門栓即可。

19 用直角尺量出櫃體背部溝槽的寬、高尺寸，準備好適合的實木壁板。

20 在櫃體上塗上白膠後放上壁板黏合固定。

21 在壁板上釘上鐵釘固定，壁板上可以畫上A、B、C的位置，以免釘錯。櫃體完成後，就可以磨細後上漆了。

我喜歡在綠意盎然的花園裡散步，家裡的貓也是……我們常一起散步，一起曬太陽。花園的部分，我用梯形花架來擺放各種盆栽，也試著用鋁線折成的裝飾品來妝點，鋁線是我的另一個消遣，也是可以隨意發揮的創意。

我的
花園

16 立體木梯花架
作品尺寸：寬445×高900×深720(mm)

綠手指的妳一定不能錯過它…
和一般木梯不一樣，這個木梯多了些創意和設計，
每一格都有綠意盎然的植物進駐，
或許在某一格裡，擺上花園工具小花插、小鏟子…等等，
實用又美觀，一起動手作作看吧。

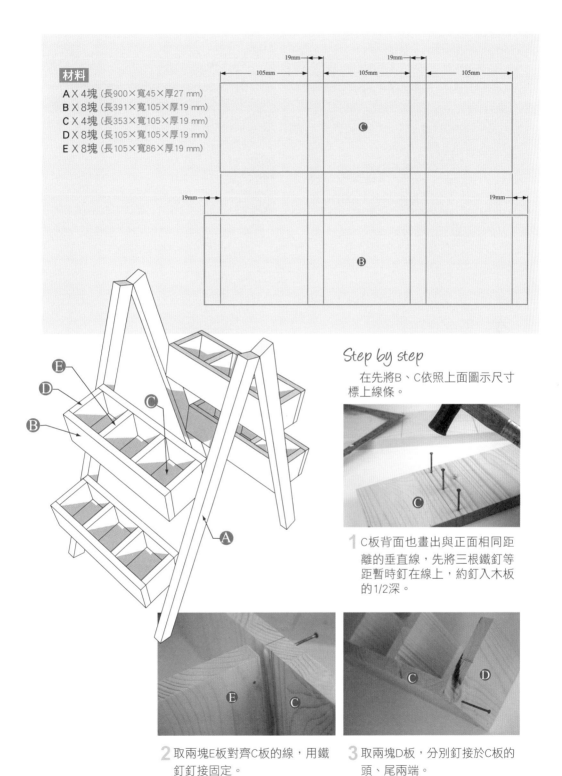

材料

A X 4塊（長900×寬45×厚27 mm）
B X 8塊（長391×寬105×厚19 mm）
C X 4塊（長353×寬105×厚19 mm）
D X 8塊（長105×寬105×厚19 mm）
E X 8塊（長105×寬86×厚19 mm）

Step by step

在先將B、C依照上面圖示尺寸標上線條。

1 C板背面也畫出與正面相同距離的垂直線，先將三根鐵釘等距暫時釘在線上，約釘入木板的1/2深。

2 取兩塊E板對齊C板的線，用鐵釘釘接固定。

3 取兩塊D板，分別釘接於C板的頭、尾兩端。

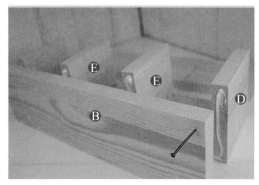

4 取B板兩塊，分別釘接D、E板兩側。

5 自C板背面釘接固定B板，就完成一個三
格小箱，重覆步驟做出四個小箱。

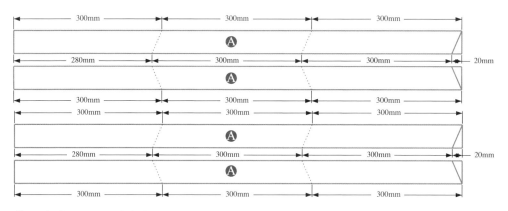

6 取A板依照圖示尺寸畫線。

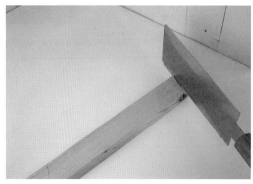

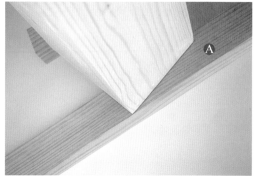

7 將最尾端的斜角切除。

8 以A板的斜線為基準線，在反面畫出三格
小箱概略的位置。

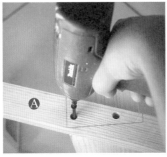

9 以莎拉刀鑽出兩個螺絲孔。

10 以木螺絲從A板鎖住三格小箱。

11 做好A板與三格小箱的組合後,在A板最上方裝上活頁。

每個人心中都能擁有屬於自己的花園……

12 在A板中間相對的位置上,分別各鎖一只羊眼釘。

13 以A板尾端的斜角貼齊地面為基準,綁上麻繩以限制為兩側最大的開度,這樣主架構就完成了,可以補土、磨細後塗上喜歡的顏色,讓它維持自然原色也很美麗喔。

作品尺寸：寬320×高660×深120(mm)

⑰南法風格門櫃

南法的陽光相當令人神往，
大地色系的多樣色彩，橙黃、灰藍、湖水綠，還有一大大片的薰衣
草田、太陽花田……
我在湖水綠的網門櫃上，作出上下對襯的設計，
利用烤肉架網作成網門，增添了許多的雜貨風格，
仿舊的湖水綠煞是好看，讓人彷彿置身於南法的花海間呢。

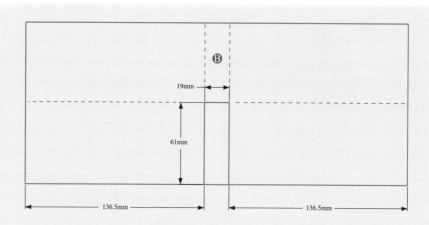

19mm

61mm

136.5mm   136.5mm

材料

A X 2塊（長660×寬120×厚19 mm）　D X 1塊（長250×寬40×厚9 mm）
B X 6塊（長292×寬120×厚19 mm）　烤肉架≧270mm
C X 4塊（長330×寬40×厚9 mm）

Step by step

　先依上圖將兩塊B板劃上2條直線1
條橫線；再取另兩塊B板（頂端與第
三塊）畫上中間寬度為19mm的2條
直線。

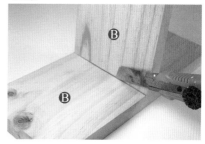

1 這兩塊畫上3條線的B板上，用美
工刀在中間直線部份稍為刻劃出
淺淺的缺口位置。

2 使用夾背鋸依照美工刀的割痕先
鋸出左右兩條線。

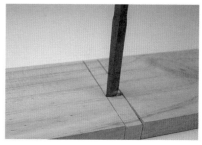

3 再以鑿刀的在接近中線處將缺口
切除。

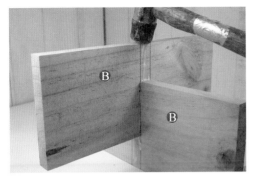

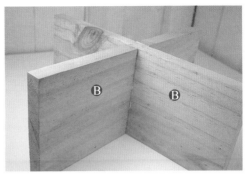

4 重複步驟2~4做另一塊B板,缺口處塗上白膠,將兩塊缺口相對箝入,以膠槌敲入接合。

5 兩塊B板接合後為十字塔接。

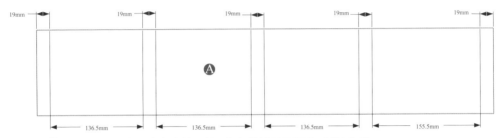

6 兩塊A板按照上圖畫上直線,這4條直線都是要固定B板的位置。

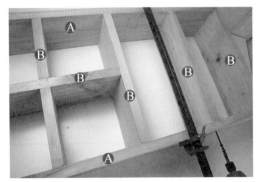

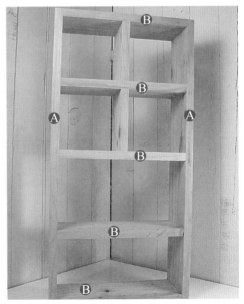

7 A板兩兩相對,取四塊B板放在畫線位置上,再將步驟5做好的十字塔放入,用木工夾固定後,再使用螺絲將A、B板釘接在一起。

8 做好後櫃子的主體就完成了,可以磨細、上漆。

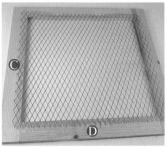
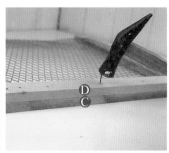

9 使用斜口鉗把烤肉網的上下均拔除，把烤肉網裁剪成270mm的正方形。

10 取兩塊C板當左右兩邊，兩塊D板當上下兩邊，先用膠先黏好C、D板當網門的下層，然後放上步驟9裁好的金屬網。

11 取兩塊D板放在下層的C板上，使用釘子或是釘槍固定C、D板，也把金屬網夾在上下層中間。

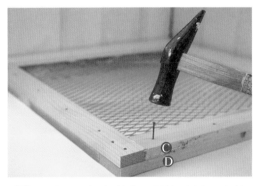
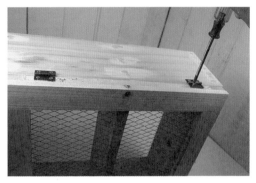

12 一樣取兩塊C板放在下層的D板上，釘接固定，網門就算是初步完成了，可以磨細上漆，或是使用木頭原色也很美麗。

13 完成的網門一邊裝上活頁，固定在櫃子上。

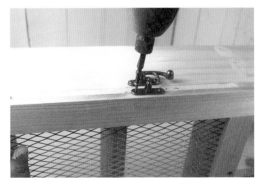

14 另一邊用螺絲鑽裝上門扣就可以囉。

Point

　　烤肉架是手邊可隨時取得的材料，當然也可以到五金行直接剪適當大小的鐵絲網就可以了。

18 鋁線花園招牌

作品尺寸：寬450×高285×深45(mm)

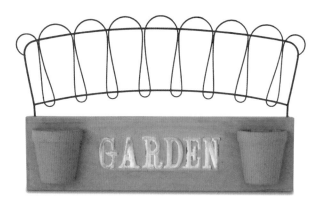

材料

鋁線花插 × 1
木板 × 1
半邊的小陶盆 × 2

Step by step

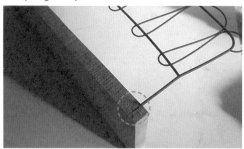

1 準備好的木板尺寸要比花插寬度左右多1~2公分。用鉛筆做出兩端的記號。

2 準備一支和花插直徑大小一樣的小鑽頭。

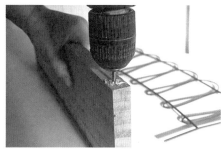

3 用電讚鑽出和花插等長的洞孔後，插入花插固定，並將木板塗裝上喜愛的顏色。

4 準備好喜愛的自黏式字母。

5 用鐵樂士噴漆噴出喜愛的顏色，待乾。

6 再將準備好的小陶盆用螺絲固定在木板左右兩邊，黏貼上喜歡的字母，這樣就完成囉。

小陶盆、花插，加上市面上到處可以購得的鋁線花插，並將美術店販售的自黏立體英文字母貼到木料上，這樣就成了獨一無二的、充滿綠意盎然的特殊花園招牌喔。

19
木質小花架
作品尺寸：寬130×高300×深20(mm)

花園裡的小雜貨，有些小玩意的材料準備起來其實並不難，
作法也都很簡單，建議姐姐妹妹們自己動手作，
發揮愛雜貨的精神，相信屬於你的小花園，
除了充滿茂盛的綠意外，還有更多令人意想不到的驚喜喔。

材料
半邊的小陶盆 X 1
木板 X1塊（長130×寬300×厚20 mm）
粗鋁線 128公分
細鋁線 80公分

Step by step

1 以尖嘴鉗將粗鋁線折成一個邊長8cm的正方形。

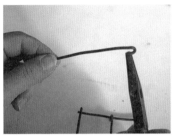

2 用尖嘴鉗取兩條鋁線，將兩端折彎，折彎後的長度等於正方形的邊長。

3 將兩條鋁線條分別固定在四方框中成田字型。

4 依照鋁線小格的尺寸，另外折出四朵小花。

5 使用較細的鋁線將四朵小花分別綁在小格子內，製成鋁線小窗花。

6 木板上漆待乾；準備一些用鐵絲折成長度約0.5公分的U型夾。

7 用鐵鎚將U型鐵絲敲入木板中，就可將鋁線小窗花固定在木板上，下方黏上半個小陶盆，就很有味道了。

20

鄉村鋁線花架

作品尺寸：寬295×高365×深105(mm)

近年來很流行的鋁線DIY，念書時的chi就愛亂玩，那個年代並沒現
在這樣多可選擇的各色鋁線，於是我和老爺就是很天真的用鐵絲來
硬拗成想要的樣式，很克難的用鐵樂士噴成想要的顏色，每次都把
手指弄的傷痕累累。
現在喜愛DIY的朋友們真的很幸福，希望這個充滿能量的鋁線花架能
使我們溫馨的家更有深度……

材料
園藝用的鋁線2.5mm與1mm各一捲
尖嘴鉗一把

Step by step

1 先將2.5mm的鋁線按照下列尺寸剪成段。
- 125cm X 1　●98cm X 1　●44cm X 1　●32cm X 2
- 37cm X 1　●31cm X 1　●68cm X 2　●17cm X 1

2 將125cm折成寬度為29cm，高度為35cm的半圓弧外框。

3 37cm與31cm左右兩端各折彎1cm。

4 將31cm以尖嘴鉗固定在距離外框底部16cm的位置。

5 37cm則固定在中間位置，與31cm之鋁線垂直。

6 125cm兩端捲成以端點為圓心，半徑約3cm的形狀。

7 取中心位置對折成夾角。

8 68cm可將兩條一起成形，圓圈的半徑約為4.5cm。

9 一樣的方法，從中間對折成夾角。

10 32cm的兩端折成圓形，半徑約為4cm。

11 44cm兩端圓形的半徑約為5.5cm。

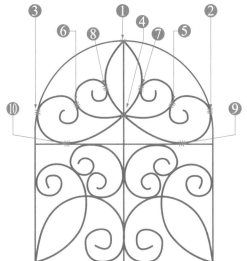

圖說：上半部的纏繞順序

12 折完後先依照圖形排入外框中。

13 用1mm細線開始纏繞先固定上半部每個圖形，需注意纏繞的順序應依照下圖的號碼進行，才會比較容易進行調整。

14 纏繞的細線不宜過長，
以手指纏繞即可，比較不
易折斷。

15 最後用尖嘴鉗把末端壓
平即可。

16 依順序完成上半部共8個
固定點。

18 依順序完成固定22個固
定點。

17 再開始纏繞下半部，纏繞固定
點的順序如圖。

19 將17cm彎成半圓後，兩
端往上折彎約1cm。

20 固定在框架上方。

21 取一條鋁線，以實際小花盆的
尺寸圍繞兩圈後交叉。

22 兩端交叉固定後，再多轉一
圈。

23 最後以細線再將花盆架纏繞固
定在外框上。

24 完成後的鐵絲架可以直接使
用，或是架在喜歡的木板，也是
一種獨特的美感。

回家．寫功課。

下課囉！
媽咪說～～要寫完功課才能出去玩
我要趕快寫～～寫！寫～～
nicole很用功吧？

嘻嘻！
小小偷懶一下下
希望不要被媽咪看到…
熊妹妹也一起陪我寫功課
今天我很乖
很快就寫完囉！
很棒吧～～

我好喜歡媽媽做的這個書桌，媽媽說，這是美式鄉村風……
書桌上面的櫃櫃，可以擺好多東西哦！
可以放玩具、字典、故事書、筆筒、娃娃……

噓…不要吵我！我要看故事書了。

Chapter 3

改造老東西。

old is new

利用老物件,將家中一角改造成充滿古舊氛圍的空間,就能賦予老物件有個新氣象。

近年來,樂活環保的意識深植人心,喜歡用天然素材作為生活日常用品的朋友愈來愈多,

如果每個人都能做到愛物惜物的習慣,那就更好了。

這些毫不起眼的老東西常常就擺在我們生活週遭,只要花點心思整理改造,就會散發出讓人懷念的味道, 彷彿又回到那個美好樸實的年代。

21

阿嬤的老裁縫機

老祖母時代的裁縫機若因年久失修，千萬別輕易丟棄，除了線條優雅的老裁縫機可作為居家擺飾外，其原木製作的四格小抽屜也可好好利用，作為收納工具許多零碎的小雜物。把腦人的帳單、收據，還有花園的小工具等，都收納在裡面，不僅實用，還充滿了嶄新的創意。

材料
數個老裁縫機的小抽屜

Step by step

1 使用研磨機將小抽屜的漆儘量去除。

2 塗上喜愛的環保漆。

3 等環保漆乾透後,再用木器漆沾上棉布,
依個人喜好塗,讓它有仿舊感就好囉。

22 舊窗的老故事

舊舊的老窗，其實不用改造就很老味道，也因為對老物件的執著，只要一出門總會不經意的注意到被人們丟棄在路旁的老門窗，除了順手作環保外，一一撿回工作室後，也把這些有故事的老窗作個整理，改造後的老窗總能有讓人驚艷的感覺，吸引眾人的目光。

Step by step

1 先在其中一塊木板兩側固定鐵釘。

2 再將另一側板加上白膠，將兩者用白膠貼合。

3 外框完成後，中間層板也釘接固定。

4 完成一個「日」字型木框。

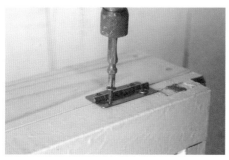

5 將木框和老舊窗用活頁結合固定。

6 這樣就改造完成囉。

原木的裝飾窗

在日雜中常會看到將老窗整理後，隨意的吊掛在家中的每一空間，讓家中的每一個角落頓時鮮明了起來，每一種老窗都有它獨特的味道，不論是花玻璃還是透明玻璃，就算其中一層不小心弄破了，也不需刻意去恢復原樣，有的甚至只剩窗框，也都能作為佈置的素材，讓家中的每一角落都有屬於它的歲月故事……。

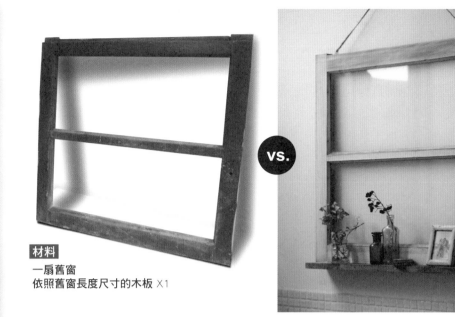

材料
一扇舊窗
依照舊窗長度尺寸的木板 ×1

Step by step

1 使用研磨機將舊窗的漆儘量
去除，再塗上喜歡的顏色之
環保漆。

2 取一塊長度和老窗等長的木
板，在側邊兩側用各鑽一個
洞孔。

3 用棉布沾上原木色的木器
漆，均勻塗裝木板完成。

4 等漆乾掉後，將木板和老舊
窗用木螺絲鎖住。

5 固定底下的木框後就完成
了。

6 固定兩個羊眼釘在老窗兩側
上方，就可以把老窗吊掛在
想要擺放的位置。

24 老門板

表面早已斑剝的門板和老窗一樣，被人們遺棄在路旁，經過長久的日曬雨淋，漆早已斑剝，上頭的把手五金也已損壞了。

門板上的古早味花玻璃，很可惜破了一大塊，CH和老爺子不想只是修復它而已，希望能賦予它另一個新的面貌。花了好一番功夫才將門板上的髒污一一除盡，破損的玻璃部份，也以玻璃彩繪來替代，另在門的下方作一雙「腳」，讓門板堅固的直立，作成了一只可以區隔空間的美麗屏風。

材料
一扇老門板
木柱39公分 X2
木柱12.5公分 X4

1 逐一檢查門板上需要拆除的部份。

2 用一字起子把生鏽變形的活頁和五金、鐵釘等全部拆下。

3 準備兩種尺寸的木柱
(長)39公分*2
(短)12.5公分*4

4 直接用長柱和短柱對應門板的厚度做成腳架,用鉛筆直接作上記號。

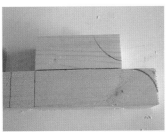

5 在長柱和短柱上設計出喜愛的樣式。

6 用線鋸機將木柱切割出設計的形狀。

7 以門板位置當做基準,在左右兩側2和7公分處鑽出木螺絲的洞孔。

8 木螺絲將長、短柱先固定在一起。

9 腳架的主體完成了,磨細後就可以塗上喜歡的顏色,然後架上門板了。

25 可愛的兒童餐椅

對於常在餐廳裡看到的兒童餐椅，肯定不陌生。家中小朋友一一長大後，這個餐椅也漸漸功成身退，被擺在儲藏室中好長一段時間。不太討喜的原木色加上紅色合成皮椅墊，實在讓人不敢恭維，於是決定來個大改造，作為擺放古董娃娃的陳設空間，希望帶點童趣，春天粉嫩的感覺，剎那間覺得無比可愛。

材料
老兒童餐椅一把

Step by step

1 使將椅墊的螺絲一一卸下。

2 用研磨機將原本的漆儘量磨除。

3 磨完後的完成圖。

4 塗上喜愛顏色的環保漆。

5 將合成皮椅墊的釘書針全部拆除。

6 準備一塊喜愛的布品，依照兒童椅椅墊的長寬大小裁切，要比坐墊約5~8公分左右。

7 用強力釘書機延著椅墊四方一一釘上(釘上時要確認布品是否拉緊實平整)。

8 轉角處要用層層堆疊的方式一一釘上。再將已完成的椅墊鎖回兒童椅就完成了。

大正昭和的浪漫時光

大正時期的浪漫，昭和時期的樸實，碰撞出當時日本東西文化的浪漫風格。

Chi很愛那個時期日本東西的氛圍，任何的一景一物，都是濃濃的懷舊風格，屬於當下的真實生活。

年前，一位溫柔美麗的客戶來到手作屋，指著日本雜誌中的這個櫃，要求我們為她訂製⋯⋯

輕輕看過圖片，Chi的心中有點小小的衝擊，許久⋯許久⋯已鮮少會有客戶訂製這樣的櫃了。

這位有品味的女主人，同時也訂製了許多有味道的櫃⋯⋯

Chi真的很開心，能夠有機會製作出這樣充滿大正昭和時代風格的木櫃，一份屬於懷舊和幽幽思情的風格，正在開始蔓延著。

除了有點小小異動原先的設計，讓這個小櫃更加實用外，整體的風格，仍是保持原汁原味，經典的斜八腳設計，用厚實的原木色妝點，四面都是玻璃製作的邊框，加上頂板也是玻璃桌面，讓這個櫃充滿了穿透性，櫃內仍是用玻璃層板，放上早期鋁製的鞋模、小巧可愛的計時器，還有老爸送給Chi的老皮尺（這可是傳家寶哦）⋯⋯

老爸說：「台灣早期的商家，很喜愛用這樣的櫃，來擺飾美麗的商品。」

早期菊花樣式的燈頭和鋁製便當盒，與這個小櫃真的好適合～好適合～

因為太喜愛了，忍不住也為自己作了一個這樣溫柔的櫃，不過，拍照後沒幾天，就來了一位客戶將它買走了⋯⋯

Chi深深相信，喜歡這個櫃的主人，一定會好好珍惜的，一定⋯⋯。

C O P Y R I G H T

腳丫文化
■ K058

木工。鄉村風。My home

國家圖書館出版品預行編目資料

木工。鄉村風。My home/何慧琪，李宙芳 著.

第一版. 台北市：腳丫文化, 民100.05

面；　公分（腳丫文化；K058）

ISBN 978-986-7637-68-0（平裝）

1. 木工　2. 家具製造

474.3　　　　　　　　　　　　100004089

著　作　人：何慧琪（Chi）・李宙芳（Kenny）

社　　　長：吳榮斌

企劃編輯：黃佳燕

行銷企劃：劉欣怡

美術編輯：王小明

出　版　者：腳丫文化出版事業有限公司

業務部

地　　　址：241 新北市三重區光復路一段61巷27號11樓A

電　　　話：（02）2278-3158・2278-2563

傳　　　真：（02）2278-3168

E - m a i l：cosmax27@ms76.hinet.net

郵撥帳號：19768287腳丫文化出版事業有限公司

法律顧問：鄭玉燦律師（02）2915-5229

定　　　價：新台幣 300 元

發　行　日：2011年 5 月 第一版 第 1 刷
　　　　　　2015年12月　　　第 4 刷

文經社與腳丫文化共同網址：
http://www.cosmax.com.tw/
www.facebook.com/cosmax.co
或「博客來網路書店」查尋文經社。

Printed in Taiwan

木工。鄉村風。My home